U0350499

高 分 六 号
卫星遥感影像
农业景观图集

◎ 赵文波　等著

中国农业科学技术出版社

图书在版编目（CIP）数据

　　高分六号卫星遥感影像农业景观图集/赵文波，刘佳，滕飞著．—北京：中国农业科学技术出版社，2019.8
　　ISBN 978-7-5116-4290-5

　　Ⅰ．①高… Ⅱ．①赵… ②刘… ③滕… Ⅲ．①高分辨率—卫星遥感—农业地理—中国—图集 Ⅳ．① F329.9-64

　　中国版本图书馆 CIP 数据核字（2019）第 143296 号

责任编辑　于建慧
责任校对　李向荣

出 版 者　中国农业科学技术出版社
　　　　　北京市中关村南大街 12 号　邮编：100081
电　　话　（010）82109708（编辑室）（010）82109702（发行部）
　　　　　（010）82109709（读者服务部）
传　　真　（010）82106629
网　　址　http://www.castp.cn
经 销 者　各地新华书店
印 刷 者　北京建宏印刷有限公司
开　　本　889mm×1 194mm　1 /20
印　　张　3.3
字　　数　80 千字
版　　次　2019 年 8 月第 1 版　2019 年 8 月第 1 次印刷
定　　价　80.00 元

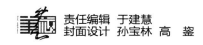

责任编辑　于建慧
封面设计　孙宝林　高　鋆

ISBN 978-7-5116-4290-5

9 787511 642905 >

定价：80.00元

《高分六号卫星遥感影像农业景观图集》
编 委 会

主 著

赵文波　刘　佳　滕　飞

副主著

王利民　白照广　徐建艳

其他著者

邢　进　姚　涛　喻文勇　王小燕　原　征　陆春玲　张　新　何　欣　李永昌

编制单位

国家航天局对地观测与数据中心

中国农业科学院农业资源与农业区划研究所

中国资源卫星应用中心

航天东方红卫星有限公司

序　言

　　2018 年 6 月 2 日，高分 6 号（GF-6）卫星在中国酒泉卫星发射中心成功发射，标志着中国首颗黄边、红边谱段卫星发射成功。GF-6 号卫星是中国首颗在单台相机体制上采用自由曲面四反离轴光学系统设计的卫星，也是中国首颗国产 CMOS 成像器件的多光谱卫星，实现了 800km 幅宽超大视场成像。GF-6 号卫星具有高精度、高效能、长寿命的技术特点，具有与 GF-1 号卫星组网运行的能力，是中国高分辨率对地观测系统民用卫星中首批组网运行的星座，覆盖周期可达到 2 天以上。GF-6 号卫星投入使用后，将以农业农村、林业资源、减灾防灾等行业需求为牵引，聚焦粮食安全生产、农村人居环境整治、脱贫攻坚、森林资源监管、灾害风险调查等领域，为维护生态安全、生态文明建设等国家经济建设主战场的重大需求提供遥感数据保障，开启中国遥感数据安全的新篇章。

　　本图集编撰了 GF-6 号卫星的 50 幅影像，包括 2m 全色（PAN）相机与 8m 多光谱高分辨率相机（PMS）影像融合 16 幅、16m 多光谱中分辨率宽幅相机（WFV）影像 34 幅。这些影像展示了中国地貌地形、农田、森林特征 GF-6 卫星的影像特征及潜在应用能力。希望通过本图集的编撰，使全球范围内的广大用户对 GF-6 号卫星有初步的了解，并有利于后续研究及应用工作的开展。

目　录

目　录

东北地区

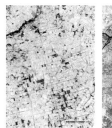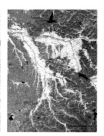

抚远县农田影像

黑龙江省抚远市以水稻
种植为主，此时的水稻
已渐成熟，丰收在即

影像信息：
GF6_WFV_E130.7_
N49.0_20180916_
L1A1119838012

接收日期：
2018 年 09 月 16 日

Kilometers
0 .75 1.5   3   4.5   6

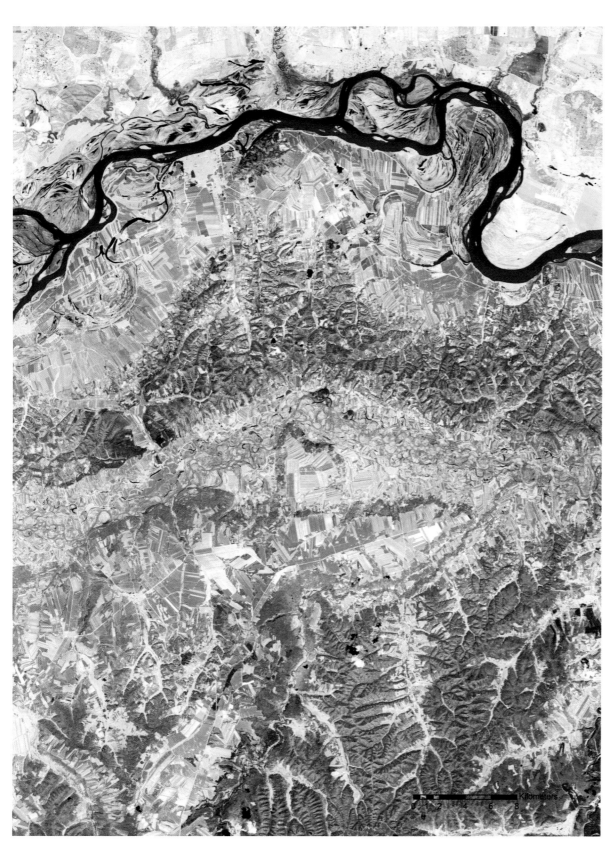

逊克县农田影像

黑龙江省黑河市逊克县
位于小兴安岭中段北麓，
红色和黄色田块分别为
玉米和豆类

影像信息：
GF6_WFV_E128.7_
N49.0_20180823_
L1A1119837122

接收日期：
2018 年 08 月 23 日

3

五常市农田影像

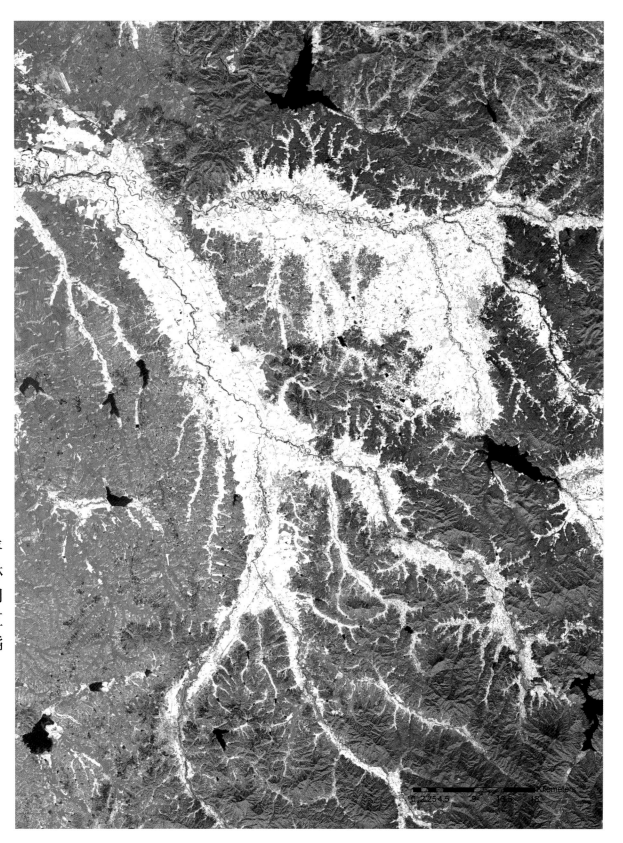

黑龙江省五常市中部平原与丘陵过渡带，拉林河流经这里。影像中间发白的是水稻，西部红色为玉米，东部山地橘色为森林

影像信息：
GF6_WFV_E131.3_
N44.6_20180920_
L1A1119836838

接收日期：
2018 年 09 月 20 日

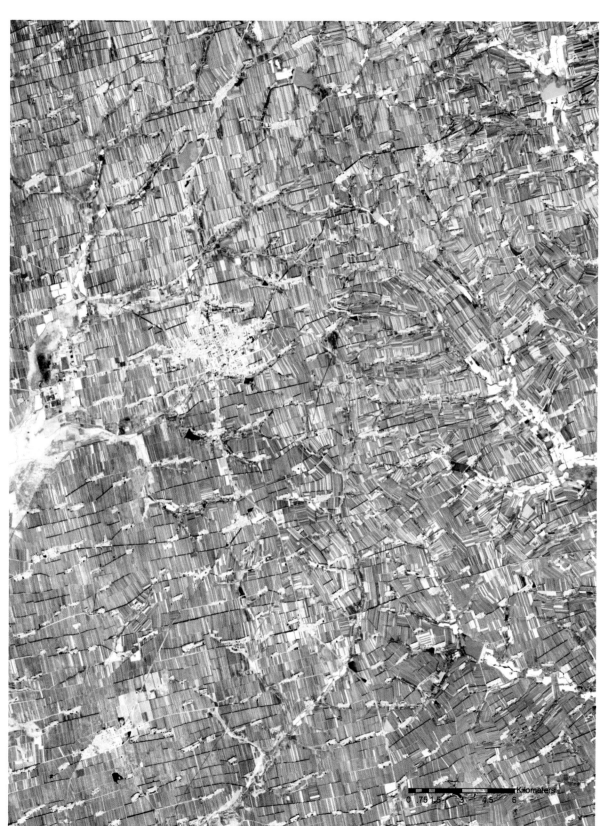

明水县农田影像

黑龙江省明水县，红色、
橙色和黄色的田块分别
是玉米、水稻和大豆
（其他豆类）种植区

影像信息：
GF6_WFV_E124.0_
N46.8_20180917_
L1A1119836908

接收日期：
2018 年 09 月 17 日

嫩江县农田影像

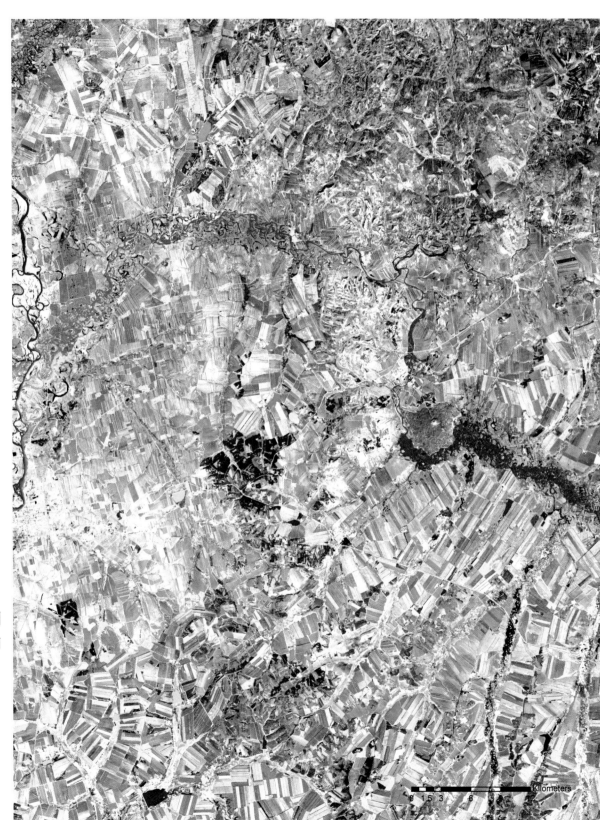

黑龙江省嫩江县，红色、黄色和橙色的田块分别是玉米、大豆等豆类和水稻种植区

影像信息：
GF6_WFV_E125.2_
N49.0_20180909_
L1A1119837123

接收日期：
2018 年 09 月 09 日

东北平原中的湿地影像

吉林省白城市镇赉县地处东北平原，影像中央是莫莫格国家级自然保护区，该地区湿地资源丰富

影像信息：
GF6_WFV_E129.2_
N44.6_20180916_
L1A1119836820

接收日期：
2018 年 09 月 16 日

0 1.75 3.5 7 10.5 14 Kilometers

长白山天池影像

长白山天池及其南麓,
此地为典型的火山地貌,
山顶常年积雪

影像信息:
GF6_WFV_E130.5_
N42.4_20180920_
L1A1119836906

接收日期:
2018 年 09 月 20 日

宁安市农田影像

辽宁省宁安市影像，中部为水稻，此时水稻已接近成熟呈黄绿色，四周绿色田块为玉米，东南侧深绿色为森林

影像信息：
GF6_PMS_E129.0_
N43.9_20180916_
L1A1119837187

接收日期：
2018 年 09 月 16 日

凌海市影像

辽宁省凌海市北部山地被森林覆盖，东南大片芦苇田呈黄绿色，红色、橙色、黄色田块分别为玉米、水稻和大豆

影像信息：
GF6_WFV_E121.5_
N40.2_20180905_
L1A1119837369

接收日期：
2018 年 09 月 05 日

西北地区

呼图壁县农田影像

新疆维吾尔自治区昌吉
回族自治州呼图壁县,
红色和橘黄色区域分别
是小麦和棉花种植区

影像信息:
GF6_WFV_E85.9_
N44.6_20180617_
L1A0005156379

接收日期:
2018 年 06 月 17 日

火焰山影像

新疆维吾尔自治区吐鲁番盆地中的火焰山地质褶皱构造影像

影像信息：
GF6_PMS_E89.2_
N43.2_20180707_
L1A1119837346

接收日期：
2018 年 07 月 07 日

刚察县农田影像

青海省刚察县内青海湖畔油菜田正值花期，部分农田已呈淡淡的黄色

影像信息：
GF6_PMS_E100.3_
N37.3_20180823_
L1A1119837207

接收日期：
2018 年 08 月 23 日

凉州区农田影像

甘肃省武威县凉州区标
准化的饲草田块让人赏
心悦目

影像信息：
GF6_PMS_E102.9_
N38.0_20180908_
L1A1119837350

接收日期：
2018 年 09 月 08 日

0   .25 .5   1   1.5   2   Kilometers

河西走廊的影像

河西走廊中部，甘肃省张掖市辖区，南部为祁连山脉，中部为狭长的平原，北部为荒漠

影像信息：
GF6_WFV_E100.9_
N38.0_20180709_
L1A1119837366

接收日期：
2018 年 07 月 09 日

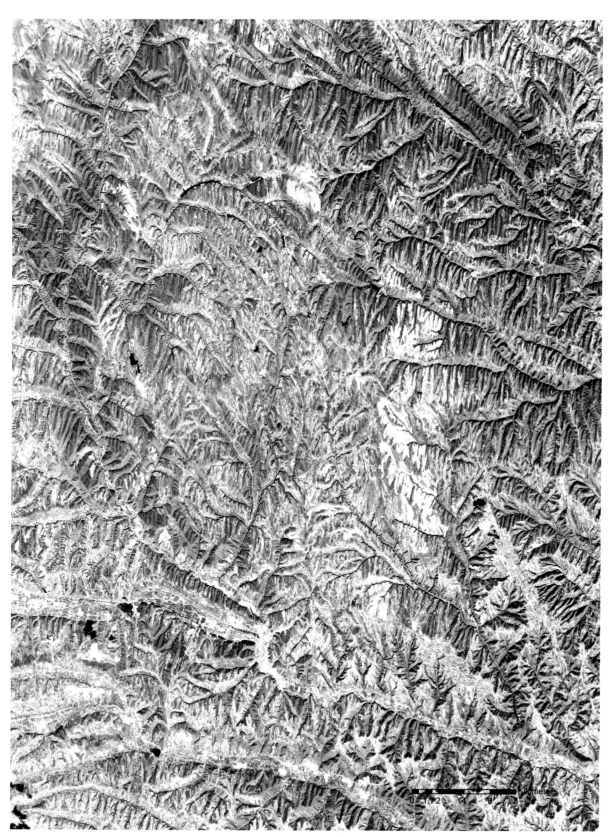

彭阳县影像

宁夏回族自治区固原市彭阳县中部，山地丘陵交错，这里主要以玉米、牧草和山杏种植为主，此时玉米已经到了收获期

影像信息：
GF6_WFV_E105.9_
N35.8_20181002_
L1A1119837359

接收日期：
2018 年 10 月 02 日

西南地区

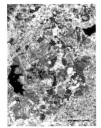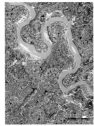

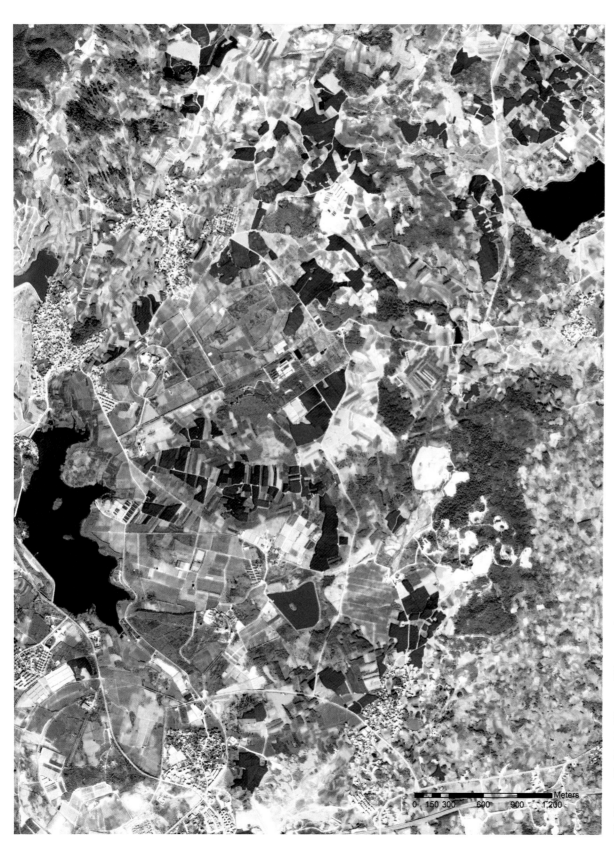

石林彝族自治县影像

云南省石林彝族自治县四季如春,花田交错,五彩斑斓的景象尽收眼底

影像信息:
GF6_PMS_E103.6_
N24.6_20181116_
L1A1119838396

接收日期:
2018 年 11 月 16 日

Meters
0 150 300   600   900   1,200

楚雄市影像

云南省楚雄市西北部山地区的梯田

影像信息：
GF6_PMS_E100.8_
N25.4_20190117_
L1A1119840148

接收日期：
2019 年 01 月 17 日

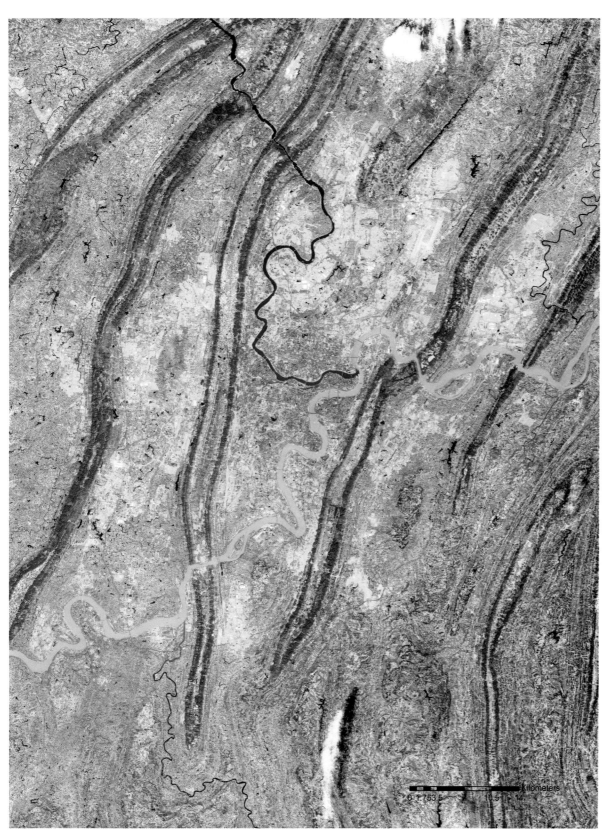

重庆市影像

重庆市地质情况复杂，以丘陵和山地为主，影像中长江自西向东穿过，北部嘉陵江自北向南汇入长江

影像信息：
GF6_WFV_E110.0_
N29.1_20180821_
L1A1119836854

接收日期：
2018 年 08 月 21 日

泸州市农田影像

四川省泸州市的梯田主
要种植水稻、甘蔗和茶，
田块错综复杂

影像信息：
GF6_PMS_E105.2_
N29.1_20180724_
L1A1119837208

接收日期：
2018 年 07 月 24 日

青川县农田影像

四川省青川县以山地为主，主要种植茶叶，有"仙雾茶海"之称

影像信息：
GF6_PMS_E105.3_
N32.1_20180822_
L1A1119837218

接收日期：
2018 年 08 月 22 日

日喀则地区影像

西藏自治区日喀则市西部，东部的湖为杰萨错湖，此时已有许多地方被积雪覆盖

影像信息：
GF6_WFV_E85.6_
N29.1_20181111_
L1A1119838401

接收日期：
2018 年 11 月 11 日

Kilometers
0 1.5 3 6 9 12

24

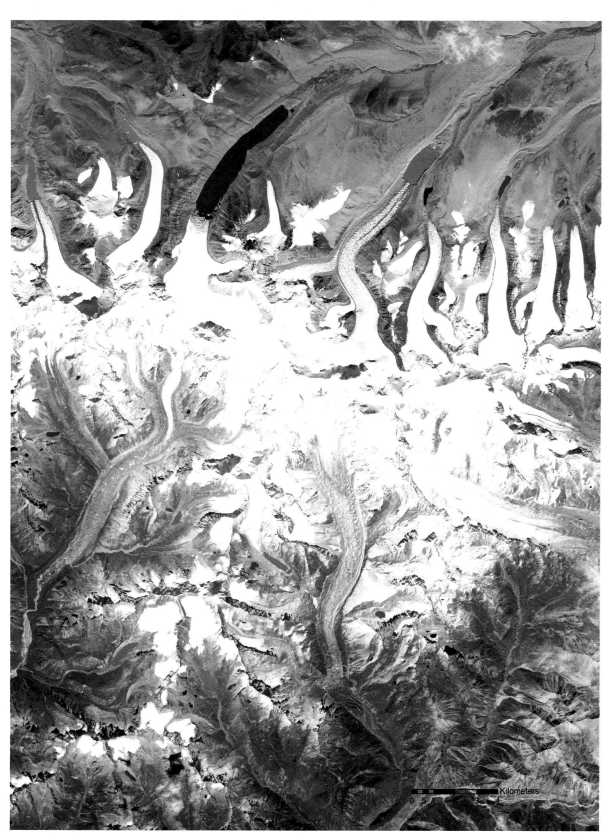

喜马拉雅山脉影像

喜马拉雅山脉位于我国
西藏自治区边境线上，
常年积雪在夏季看来更
加明显

影像信息：
GF6_PMS_E86.7_
N28.4_20181009_
L1A1119838400

接收日期：
2018 年 10 月 09 日

华北地区

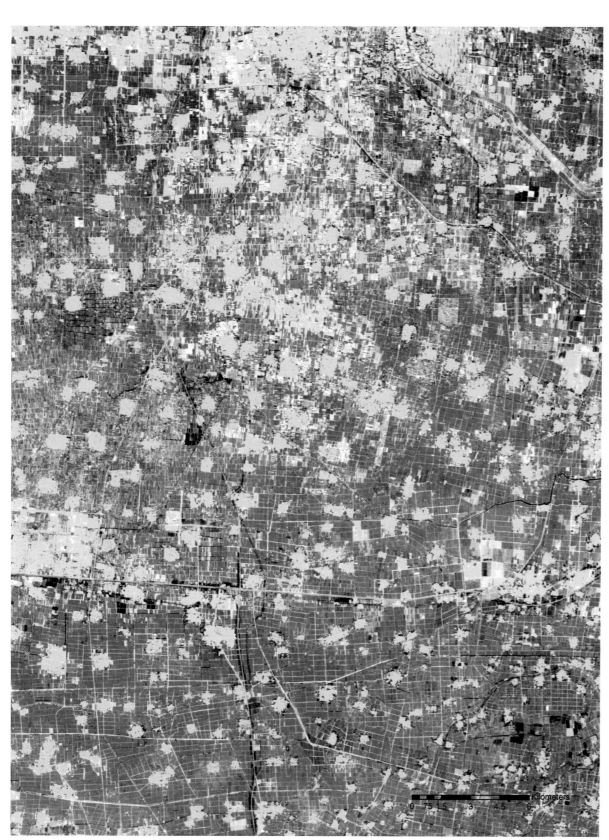

深州市农田影像

河北省衡水市深州市地处华北平原，影像中橘色为花生，红色为玉米

影像信息：
GF6_WFV_E116.2_
N38.0_20180906_
L1A1119837353

接收日期：
2018 年 09 月 06 日

呼伦贝尔草原影像

内蒙古自治区呼伦贝尔草原，橘色和黄色均为草地，这时的草原正是生长旺盛的时节

影像信息：
GF6_WFV_E119.4_
N46.8_20180731_
L1A1119837855

接收日期：
2018 年 07 月 31 日

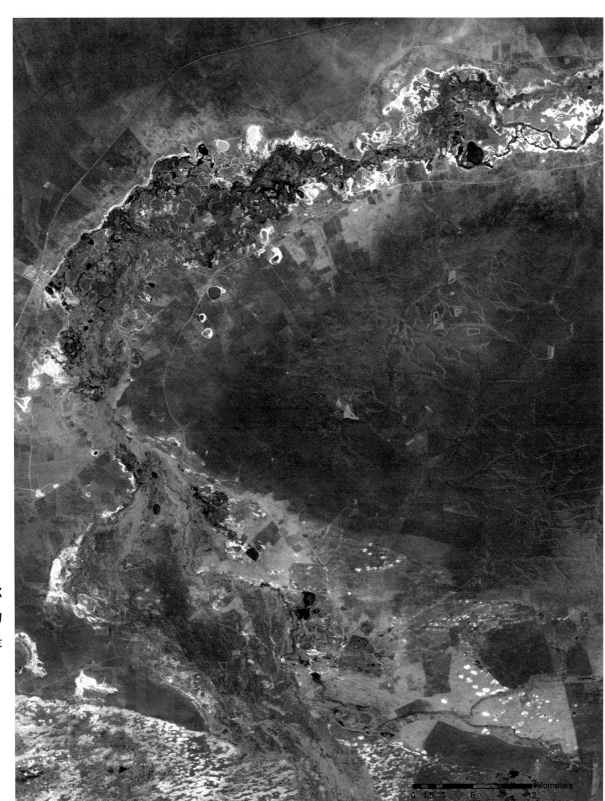

额尔古纳河影像

内蒙古自治区额尔古纳市位于大兴安岭西北麓，呼伦贝尔草原北端，额尔古纳河滋养着这里

影像信息：
GF6_WFV_E120.3_
N49.0_20180731_
L1A1119837121

接收日期：
2018 年 07 月 31 日

Kilometers

0 2.25 4.5   9   13.5   18

大兴安岭 南麓 影像

内蒙古自治区扎鲁特旗中部，地处大兴安岭南麓低山丘陵区

影像信息：
GF6_WFV_E119.5_
N45.1_20180918_
L1A1119836837

接收日期：
2018 年 09 月 18 日

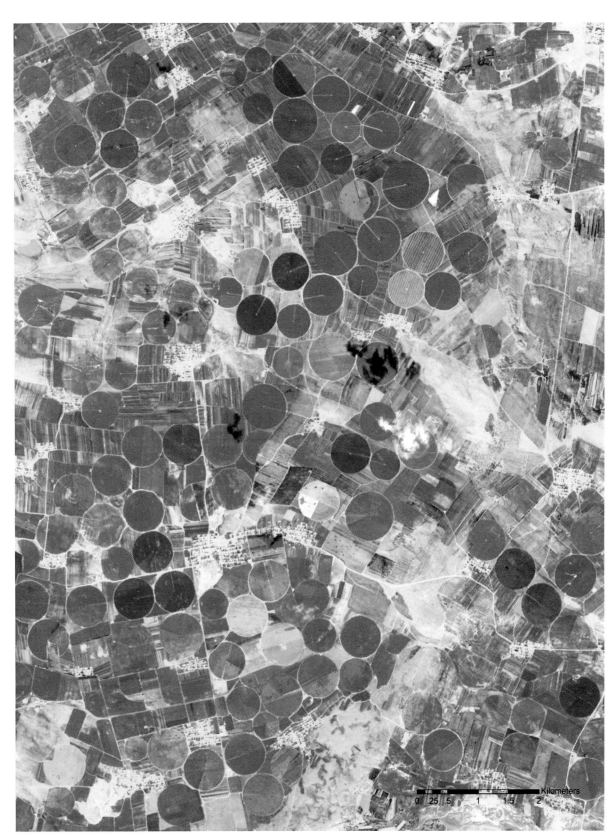

兴和县农田影像

内蒙古自治区兴和县的
玉米和马铃薯田呈圆形
散落在大地上

影像信息：
GF6_PMS_E113.6_
N41.7_20180821_
L1A1119837206

接收日期：
2018 年 08 月 21 日

31

扎兰屯农田影像

内蒙古自治区呼伦贝尔市扎兰屯市，橙红色、橙黄色和黄色田块分别种植油菜、大豆和玉米

影像信息：
GF6_WFV_E119.4_
N46.8_20180731_
L1A1119837855

接收日期：
2018 年 07 月 31 日

32

锡林浩特积雪影像

内蒙古自治区锡林浩特
市南部的低山丘陵地区，
此时这里被厚厚的白雪
覆盖

影像信息：
GF6_WFV_E114.6_
N44.6_20181111_
L1A1119838243

接收日期：
2018 年 11 月 11 日

四子王旗影像

内蒙古自治区乌兰察布市四子王旗西北部，塔布河流域的低山丘陵区。其中鲜红色的是农作物，暗红色的是有植被覆盖的山地

影像信息：
GF6_WFV_E108.2_
N43.2_20180814_
L1A1119836930

接收日期：
2018 年 08 月 14 日

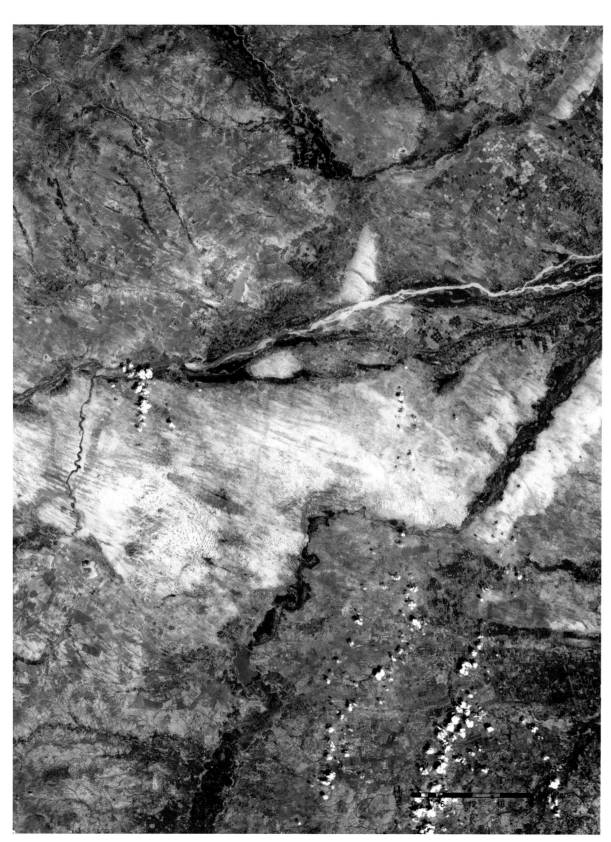

半流动沙地影像

内蒙古自治区翁牛特旗的半流动沙地，北部西拉木伦河流经这里

影像信息：
GF6_WFV_E119.3_
N42.4_20180702_
L1A1119836972

接收日期：
2018 年 07 月 02 日

长治市农田影像

山西省长治市四面环山，
中部地势较为平坦，主
要种植玉米，此时已经
收割（呈白色）

影像信息：
GF6_WFV_E111.9_
N35.8_20181001_
L1A1119837362

接收日期：
2018 年 10 月 01 日

定襄县农田影像

山西省定襄县，亮黄色和橙色分别为谷物和玉米种植区

影像信息：
GF6_WFV_E112.6_
N39.0_20180923_
L1A1119836967

接收日期：
2018 年 09 月 23 日

华中地区

  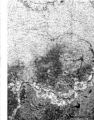 

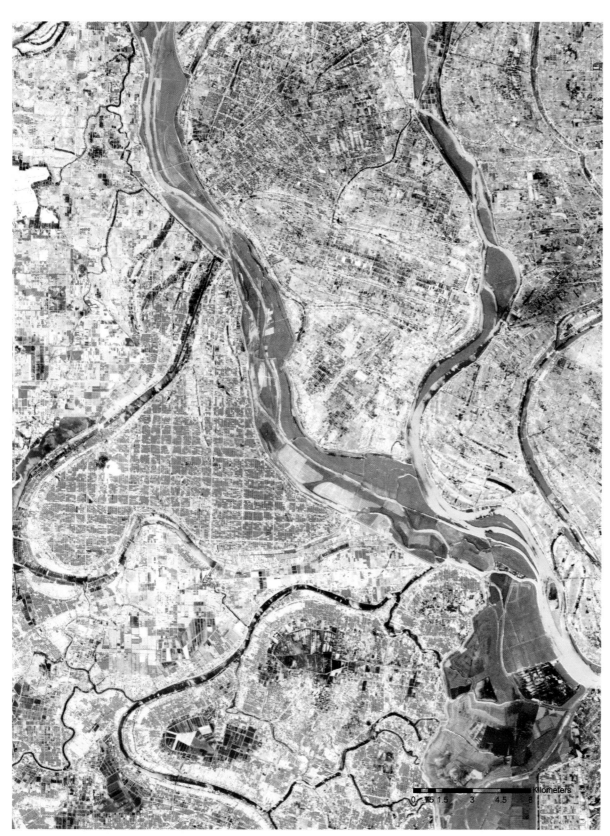

洞庭湖畔农田影像

湖南省常德市位于洞庭湖平原，橙黄色、黄色和暗红色的区域分别是早稻种植区、菜地和芦苇生长区

影像信息：
GF6_WFV_E111.8_
N30.0_20180616_
L1A0004346281

接收日期：
2018 年 06 月 16 日

岳阳县农田影像

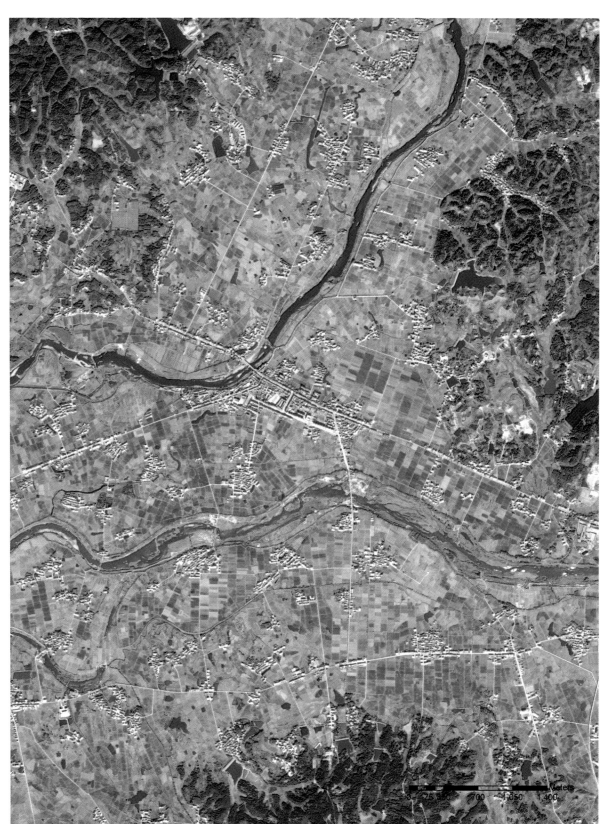

湖南省岳阳县，影像中部地势平坦，主要种植水稻，此时已经收获，呈裸地特征

影像信息：
GF6_PMS_E113.6_
N29.1_20181127_
L1A1119853851

接收日期：
2018 年 11 月 27 日

潢川县农田影像

河南省潢川县，北部平原以种植冬小麦为主，此时已收获呈白色，中部水浇地为青色

影像信息：
GF6_WFV_E116.3_
N31.3_20180607_
L1A0000629880

接收日期：
2018 年 06 月 07 日

潜江市农田影像

湖北省潜江市与天门市，
红色、橘色、深蓝色田
块分别为水稻、棉花和
水产养殖水面，亮黄色
为荷叶等水生植物

影像信息：
GF6_WFV_E113.8_
N29.1_20180731_
L1A1119836981

接收日期：
2018 年 07 月 31 日

华东地区

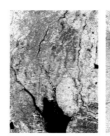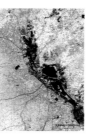

邳州市农田影像

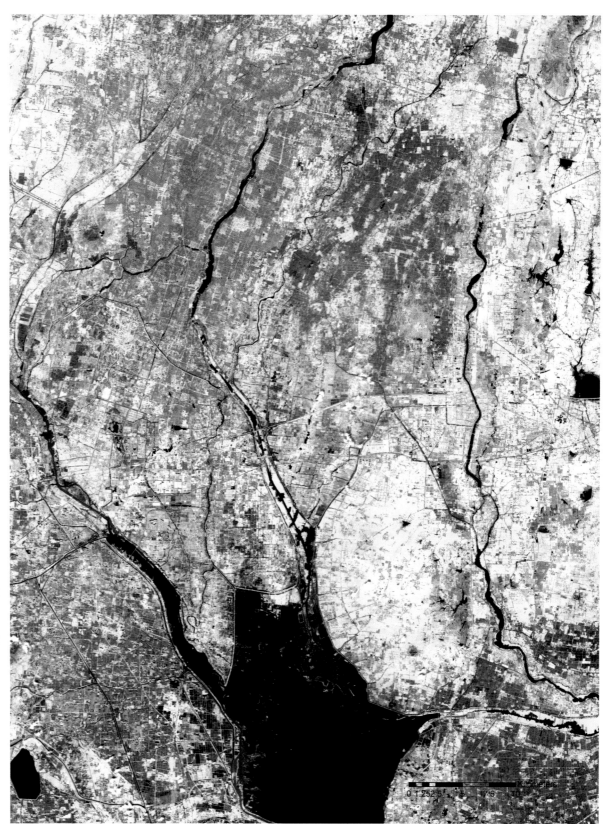

江苏省邳州市，中部橙红色为银杏，蓝色发白的是裸地，深蓝色的是水田

影像信息：
GF6_WFV_E119.7_
N33.6_20180623_
L1A1119837192

接收日期：
2018 年 06 月 23 日

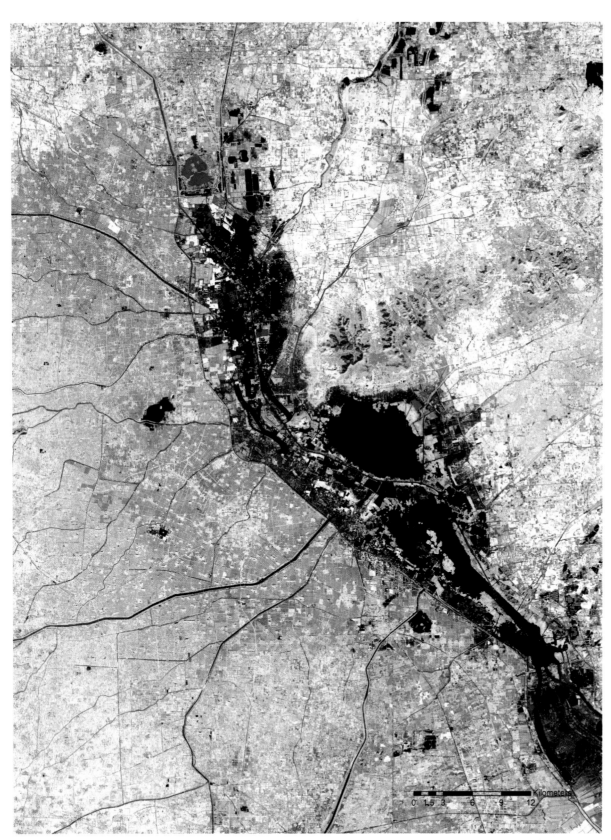

微山湖影像

山东省微山县地处华北平原，中部为微山湖，东部白色田块为已收割的农田

影像信息：
GF6_WFV_E116.8_
N35.8_20180930_
L1A1119837368

接收日期：
2018 年 09 月 30 日

潍坊市农田影像

山东省潍坊市，沿海反光度高的部分为水产养殖区域，南部农田，北部渤海

影像信息：
GF6_WFV_E120.8_
N35.8_20180909_
L1A1119836841

接收日期：
2018 年 09 月 09 日

庐江县农田影像

安徽省庐江县东部,地势低,水资源丰富,水稻(红色)为这里主要的农作物,藕和荸荠(黄色)等也有种植

影像信息:
GF6_WFV_E118.4_
N29.1_20180905_
L1A1119836975

接收日期:
2018 年 09 月 05 日

洪泽湖的影像

洪泽湖位于长江中下游平原，以水田为主，水资源丰富

影像信息：
GF6_WFV_E119.5_
N31.3_20180909_
L1A1119838240

接收日期：
2018 年 09 月 09 日

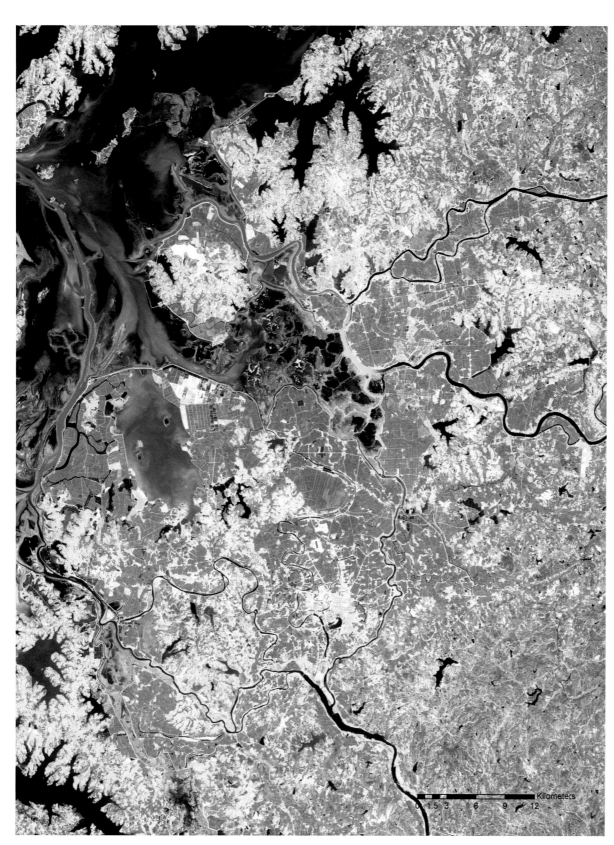

鄱阳湖周边的影像

鄱阳湖南部地区，该地区以湿地和平原为主，红色田块为水稻

影像信息：
GF6_WFV_E117.8_
N26.9_20180905_
L1A1119836844

接收日期：
2018 年 09 月 05 日

华南地区

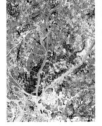

吴川市养殖水面影像

广东省吴川市，蓝绿色
规整的方形图斑为水产
养殖的水面区域

影像信息：
GF6_PMS_E110.8_
N21.7_20181030_
L1A1119837220

接收日期：
2018 年 10 月 30 日

龙胜梯田的影像

广西壮族自治区龙胜各族自治县与城步苗族自治县交界处，此时正值收获的季节，梯田中的水稻已经成熟

影像信息：
GF6_PMS_E109.9_
N26.1_20181005_
L1A1119837216

接收日期：
2018 年 10 月 05 日

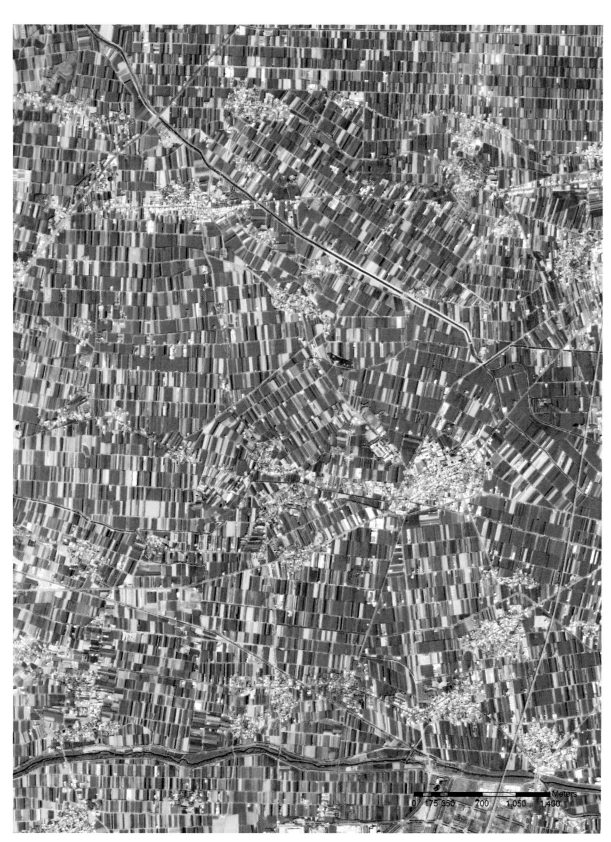

云林县农田影像

台湾省云林县位于中部，
红色和深红色分别为水
稻和玉米种植区

影像信息：
GF6_PMS_E120.7_
N23.9_20180929_
L1A1119837210

接收日期：
2018 年 09 月 29 日

国外地区

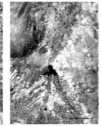

巴西五彩斑斓的农田

影像信息：
GF6_WFV_W50.4_
S20.2_20180621_
L1A0026610200

接收日期：
2018 年 06 月 21 日

荷兰农田影像

荷兰与德国交界处是各色花卉的种植区

影像信息：
GF6_WFV_E6_8_
N51_2_20180606_
L1A0000521023

接收日期：
2018 年 06 月 06 日

美国农田影像

美国方格状的农田

影像信息：
GF6_WFV_W99.4_
N38.8_20180615_
L1A0004330198

接收日期：
2018 年 06 月 15 日

哈萨克斯坦农田影像

哈萨克斯坦比什凯克北部细碎的农田

影像信息：
GF6_WFV_E76.6_
N42.8_20180705_
L1A0021220237

接收日期：
2018 年 07 月 05 日